KARTEN ALS SINNBILDER DER KULTURBEWEGUNG

EINFÜHRUNG IN DEN ATLAS AFRICANUS UND IN DAS VERSTÄNDNIS DER KINEMATOGRAPHISCHEN KARTE

VON

LEO FROBENIUS

C. H. BECK · MUENCHEN

Fortsetzung auf der 3. Umschlagseite

KARTEN ALS SINNBILDER DER KULTURBEWEGUNG

EINFÜHRUNG IN DEN ATLAS AFRICANUS UND IN DAS VERSTÄNDNIS DER KINEMATOGRAPHISCHEN KARTE

VON

LEO FROBENIUS

SONDERDRUCK AUS DEM ATLAS AFRICANUS

MÜNCHEN 1922
C. H. BECK'SCHE VERLAGSBUCHHANDLUNG
OSKAR BECK

I. Als das Forschungsinstitut für Kulturmorphologie als erste größere gemeinsame Arbeit die Herausgabe des Atlas Africanus, das soll heißen eines das Wesen der Kultur eines ganzen Erdteiles symbolisch darstellenden Kartenwerkes beschloß, mußten seine Leiter sich vollkommen bewußt sein, daß dieses nach allen Seiten des geistigen Lebens in Berührung stehende Unternehmen eine Stellungnahme zu den Grundproblemen der Kultur und aller die Kultur betreffenden Fachwissenschaften voraussetzt. Denn ebensogut wie nur eine Menschheit, gibt es auch nur eine Kultur (wenn auch viele Kulturformen), und ein derartig umfassendes Werk wie das Unsrige muß zumal als Erstes für alle Kulturformen gleichbedeutsam Aufschluß geben, ob es nun Amerika, Asien, Europa oder Afrika zum Ausgangspunkt wählt.

Dazu, daß bei diesen Arbeiten mit allen Disziplinen, — mit Rechtslehre ebenso wie mit Naturwissenschaft, mit Religionswissenschaft ebenso wie mit Philologie zu rechnen war, kam, daß ein Werk wie dieses, ein erstes auf seinem Boden, an sich schon allen Irrtümern und Mißverständnissen ausgesetzt, auf der Scheide zweier Epochen, nennen wir sie Jahrhunderte, ins Leben treten will.

Ein tieferes Schauen der Zukunft wird lehren, daß die im Jahre 1914 eintretende Katastrophenkette eine Kulturerschütterung bedeutet, die für Altes einen Abschluß, für Älteres ein Wiederaufleben, für alles Kulturleben aber eben eine Scheide bedeutet, die sich heute schon in Sorgen um das Wanken der Autorität vergangener Tage und in kraftvollem Aufkeimen ins Bewußtsein tretenden jungen Lebens kundtut. Das Geistesleben Deutschlands hat das traditionelle Gleichmaß der Kräfte eingebüßt. An die Stelle des biederen Kampfes zwischen staatlich gebundener Kasten- und zunftmäßiger Geistesrichtung einerseits und frei, meistens oppositionell sich auswirkenden Außenseitertums andererseits, beginnt der gesunde Gegensatz alter und neuer Weltanschauung zu treten. Im Sinne unserer Arbeiten und Ausdrucksweise war das vorige Jahrhundert bedingt durch System, wird das kommende ausgezeichnet sein durch Intuition.

Das Hervorwachsen aus solcher Scheidezeit mußte Veranlassung geben zu besonderer Vertiefung in den Sinn und die Bedeutung geschaffener, herrschender und versunkener Anschauungen. Die gar nicht hoch genug zu spannende Achtung vor den technisch-geistigen Riesenleistungen und Exzentritäten des vorigen Jahrhunderts durfte uns nicht verschließen gegen die Erkenntnis seiner materialistischen Einseitigkeit und die technische, auch technisch geistige Stümperhaftigkeit vergangener Kulturepochen. Wir durften das Problem der Kultur und die Probleme der Kulturformen nicht auffassen mit irgendeiner von diesen Beschränktheiten. Das vorige Jahrhundert konnte in unserem Sinne zu viel und vermochte zu wenig. Die früheren Zeiten der Imagination vermochten zwar alles, konnten aber zu wenig.

Solches mußte füglich nicht nur uns klar und durchsichtig werden. Auch die „Leser" unseres Atlas werden in den nächsten Abschnitten mit unseren Anschauungen und mit den entsprechenden Leitgedanken dieser deutschen Arbeit bekannt gemacht werden müssen.

Denn auch dies ist eine vom Standpunkt der Kulturkunde aus bedeutsame und charakteristische Tatsache: Diese ganze Arbeit ist eine deutsche. Deutsch waren die ersten Versuche auf dem Gebiete solchen Strebens, deutsch waren die späteren Ausarbeitungen, — wie es ja auch dem deutschen Schicksale entspricht, daß dieser Atlas Africanus gerade in dem Zeitpunkte das Licht der Welt erblickt, in welchem das deutsche Geistesleben ortsmäßig aus dem Erdteil ausgewiesen ist. Das ist für das Wesen dieser Arbeit in hohem Sinne jenseits allen, aus hamitischen Quellen entsprungenen, engherzigen Nationalismus bedeutsam. Die Westvölker hätten dieses Werk vielleicht versucht, nachdem sie den Weltteil erobert hatten, und es wäre dann ein staatlich reich dotiertes Sammelwerk entstanden; die mitteleuropäische Kultur bedingte den Beginn der Arbeit nach dem Verluste aus bescheidensten Verhältnissen opferfreudiger Not und schafft ein intuitives Werk.

Die Erkenntnis solcher Gegensätze, die eine Betrachtung der eigenen Kultur und der eigenen Arbeit über Kultur eröffnet, leitet in würdiger Weise den Weg zur Erschließung der Kultur jener Primitiven, die gleich differenziertes Wesen dokumentieren, ein.

II. Das Interesse für die „primitive Kultur" wächst in die Allgemeinheit hinein. Es ist, als ob diese primitiven Kulturen in dem Augenblicke, in dem sie aussterben, eine innerliche Aneignungskraft entwickeln und ausüben, die das Leben unserer „höheren" Kulturformen in unerhörter Weise umgestaltend und befruchtend beeinflußt. Wer mit unbeirrter Ruhe die Linie der heutigen Gesellschaftsbildung über die Philosophie des vorigen Jahrhunderts, über die französische Revolution und bis zu den Schwärmereien der Naturdürstigen hinweg rückwärts verfolgt, hat eine Bahn derartig breit auswirkender Kraft vor sich. Wer die Kunst unserer Tage, die Bildung der an Stelle alter Formen des Glaubens (statt Aberglaubens) unter der Decke der Volksreligion anschwellenden Sekten und endlich das rückwärtsfühlende Streben der ernsten Geschichts- und Naturforscher in das Auge faßt, muß diese im Anfang unserer „Neuzeit" zaghaft einsetzende und heute in gewaltiger Wucht wirkende Kraft fühlen, — eine Kraft, die deshalb so sehr bemerkenswert ist, weil ihr keinerlei Bewußtsein von unserer Seite gegenüber steht. Denn nach wissenschaftlicher Art hat unsere

Zeit die organische und anorganische Welt durchforscht und geordnet. Jene primitiven Kulturen hat sie aber ganz vorsichtig und nur scheu, ja vielfach sogar mit Abscheu betastet.

Eine eigentliche Wissenschaft der primitiven Kultur — Wissenschaft hier tatsächlich aufgefaßt als Wissen, Sehen, Erkennen, Übersehen — gibt es im Sinne unserer sonstigen feingegliederten Kenntnis und Erkenntnis nicht, sondern nur Sammlung von Details. Die Kulturkunde, oder wie sie oft fälschlich genannt wird, die Völkerkunde, hat aber kaum das Stadium des Glaubens an „Spiele der Natur" überwunden und noch nicht einmal einen Linné hat sie erreicht, — womit nicht behauptet werden soll, daß die der Kulturkunde dies zweitgenannte Stadium auch nur in Analogien zu berühren braucht.

III. Bis zu Herodot zurück hat es ausgezeichnete Schilderer der Völker, ihrer kulturellen Eigenarten und Unterschiede gegeben. Jahrhunderte und Jahrtausende haben solche Bausteine geliefert, — so gewaltige Massen, daß ein Mann, der wie Adolf Bastian sie alle zum Bau zusammenzufügen suchte, damit nur entweder die Unmöglichkeit solcher Ordnung, oder die Unfähigkeit zur Ordnung belegte, oder wie solche, die sich zur gruppenweisen Ordnung der Analogien entschlossen (wie Tylor, Andree und andere moderne Analogisten, resp. Vertreter der Konvergenz) in bescheidenster Weise auf die Möglichkeit einer lebendigen Lehre verzichteten. Denn schon der, der nur Rechtsformen ohne Berücksichtigung tiefgründiger Weltanschauung, technische Leistungen ohne Rücksicht auf gesellschaftliche Formen, Mythen ohne Eingliederung der Wirtschaftszustände untersucht, reißt etwas aus einer noch unbekannten Gesamtheit heraus und bewegt sich vielleicht im Rahmen einer toten

Tatsächlichkeit, kann aber niemals die lebendige Wirklichkeit erreichen. (Vgl. Paideuma S. 121.)

Diese an sich tiefernsten und in ihrem Streben verehrungswürdigen „Zer"gliederungen (nicht „Gliederungen") konnten nicht zu einer grundlegenden Ordnung führen, weil die Geistesströmung des vorigen Jahrhunderts jede bewußte Anstrengung, am Kulturgestade zu landen, durch eine unüberwindliche Brandung und Rückwurf beantwortete. Nur in solchen Winkeln, in denen die Verstandesform des 19. Jahrhunderts keine Macht hatte, in Winkeln, die sie ignorierte, übersah oder vor sich selbst totschwieg, konnte die natürliche, lebendige Ordnung der Stoffe sich vorbereiten und auswirken. Zwei solcher toten Winkel waren es, in denen die Befruchtung der Kulturkunde erfolgte.

Noch im Anfange des vorigen Jahrhunderts blühten die Raritäten- und Kuriosenkabinette fürstlicher und adeliger Häuser, in denen der Federmantel des Montezuma neben der Rose von Jericho, ein ostasiatischer Buddha neben dem gedörrten Balg eines wunderlichen Bewohners unergründlicher Meerestiefen, und das Schwert eines afrikanischen „Kannibalen" neben einem Span vom Kreuze Christi prangte. Der Sinn für das Sammeln griff um sich, und aus ihm wuchsen die ethnographischen Museen zu so großem Umfange, daß ihre Leiter noch so umfassende Paläste überquellen sahen und außer Stand gesetzt wurden, sie „wissenschaftlich" zu bewältigen. Aus den „Raritäten" wurden Belege, die mehr und mehr den Sinn des Seltsamen abschüttelten und an seiner Stelle den Ruf nach Vollständigkeit aufkeimen ließen.

Dann sehen wir in dieser Zeit eine wunderliche Art von Einleitungen sich breit und breiter machen. Gleich, ob man eine Rechtsgeschichte, eine Religionsphilosophie, oder ein Buch der Erfindungen aufschlug, — man mußte in dieser kurz verflossenen Zeit immer darauf vorbereitet sein, einen breiten Hinweis auf die „schon bei den Naturvölkern zu beobachtenden, buntschillernden Kulturvorgänge“ zu finden, — auf Kultursymptome, die in ihrer „Primitivität“ die Lebenstore unserer eigenen Kulturwelt eröffnen. Bis heute noch reizt das Pikante an solchen mehr oder weniger allgemein gehaltenen Einleitungen, die sämtlich auf einer schroffen Gegenüberstellung und Annahme, einerseits einer scharfumrandeten Weltgeschichte, und einer amöbenartig variablen primitiven Kultur anderseits beruhen. Es gilt, diesen harten Gegensatz in seiner ganzen unüberbrückbaren Abgrundtiefe zu erfassen, um die gesegnete und glückliche Isolierung der eigentlichen Kulturkunde verstehen zu können.

Das vorige Jahrhundert hat in einer in solcher Un geheuerlichkeit noch nie dagewesenen Intensität alles durchforscht, was „geworden“ ist, hat alles betrachtet als „Gewordenes“, nichts als Werdendes. Es schuf den Materialismus und wies — um mit Viktor Hehn zu reden — die Metaphysik in schnöder Weise aus. Diese Selbstbeschränkung auf die physische Welt bedeutete den freiwilligen Verzicht auf alle letzten Fragen, führte aber zu einer haarscharfen und nadelspitzigen Verfeinerung alles Instrumentalen als des an sich selbst Zweckmäßigen. — Von solcher Einseitigkeit haben historische Wissenschaften und Philologie alles in Systeme gebracht, in Systeme des Gewordenen und damit im Gegensatz zum Gewordenen sich gegenüber allem Werdenden vollkommen verschlossen. Stets hat nun zwar jeder Teil der Menschheit überzeugungsstark dazu geneigt, die eigenen Bahnen für die „richtigen“, die eigenen Götter für die einzig wahren, die eigene Kulturhöhe aber als den Zustand der nur je erreichbaren Kulturgipfelung einzuschätzen und an alles Fremde einen aus sich herauskonstruierten Wertmaßstab zu legen. Nie aber hat eine Kulturform oder ein Kulturzustand in seinem Hochmute so weit zu gehen vermocht wie die „moderne Zeit“. Man kann dieser materialistichen Einseitigkeit des ablaufenden Jahrhunderts, das immer mehr mit der, wenn auch oft unausgesprochenen, Voraussetzung der Möglichkeit „vollständig“ zu sein und mit der Utopie einer wissenschaftlichen „Lehre der Wahrheit“ es wagte, einen Geschichtsabschnitt von den Sumerern bis zu uns als Weltgeschichte zu bezeichnen, mit Chemie, Physik und Experimenten die Tiefe der Natur zu ergründen, menschliche und kulturelle Arten nach Schädeln und Sprache aufzustellen, die erst seit zwei Dezennien es wieder gestattet von „Kräften“ zu sprechen, — man kann diese antimetaphysische Einseitigkeit nicht anders verstehen, als indem man ihr monumentalen Willen und Starrheit zuspricht. Diese gewaltige Zeit ordnete — immer mit der stummen Voraussetzung der Möglichkeit „vollständig“ und „wahr“ zu sein, ohne welche sie ihrem inneren Wesen nach undenkbar ist, alles, brachte alles in Ordnung und Systeme, Tier und Pflanze, Maß und Gewicht, Zeit und Raum. Das aber, was sich solcher Ordnung und Geistesart nicht unterwerfen ließ, wurde als unwissenschaftlich in die Raritäten- und Kuriosenkammern verstaut und — blieb in seiner jungfräulichen Ruhe lebend, glücklich, zukunftsreich, da die emsige Prahlerei ja nur ihre eigenen Interessenobjekte zu Tode besprach, das ins Verborgene Totgeschwiegene aber eben durch dieses Schweigen vor der Erstarrung bewahrte. Dieser zuletzt auch offiziell zur Zivilisation verdämmerten Kultur wurden die Tore des Lebens und Werdens, die Metaphysik und das eigene „Gelebthaben“ täglich weltfremder und unverständlicher, und dadurch gewann deren eigenes Dasein Gestaltung bis zum Sichtbarwerden.

Denn alles, was die Äußerungen der Kultur anging, wurde derart zergliedert, daß es als Materie übersichtlich vor uns liegt, und daß nun die Kultur durch diese Materialisation hindurch ihr Leben zu äußern vermag. Dies nun scheint sich folgendermaßen verständlich machen zu lassen.

IV. Dieses ist die Geschichte der „Materie“ der Kulturkunde, — nicht der Kulturkunde selbst, weil eine solche gleichbedeutend mit dem wäre, was wir noch nicht besitzen, was wir erstreben und nur ahnend wittern, jedenfalls aber noch nicht, vielleicht auch niemals im heutigen Sinne „geschichtlich“ fassen können:

Ein Leeres trennt uns von einem nur noch von gesprungenen Saiten nachklingenden Ur-Altertum. Das homerische Griechenland sah bei andern Völkern die eigenen Götter, die für sie dort nur andere Namen führten; es spricht nicht von den „primitiven“, sondern von den „unsträflichen“ Äthiopen. Kultur als solche war für sie andern Völkern ebenso eigen, in diesen ebenso lebendig, wie in den Erlebenden selbst. Aber diese Kultur war noch vollkommen isoliert, eben aus dem Grunde der nur auf sich beschränkten Kenntnis. Wie die Primitiven in Fabeln die Tiere gleich sich rechtsprechen lassen, sie „anthropomorphisieren“, d. h. das eigene Sein und Sinnen aus ihnen sprechen und reflektieren lassen, — wie sie also überall in der Umwelt sich selbst wie in einem Spiegel wiederfinden, — so waren auch die Griechen wie Kinder, die in allem sich selbst finden. Ein Maßstab der Kulturwertung fehlte noch.

Der Zivilisation der Römer war es vorbehalten, aus dem gleichen spiegelsichtigen Kulturschauen heraus, „fremdsprachige Völker“ (und nicht nur vorzeitliche) endgültig zu „Barbaren“ zu machen, und damit eine uralte Verbindungsbrücke mit der kulturellen Umwelt in bewußter egozentrischer Einschränkung abzubrechen. Dieses Römertum und in seiner Fortsetzung das erste, das morgenländische Christentum, vermochten bis zum Mittelalter ihre Ansprüche nur dadurch aufrecht zu erhalten, daß sie die der andern negierten. Die Kulturformen der anderen dienten dem Römertum; deren Kultur als solche entzog ihm aber hierdurch ihren

Einfluß. Solche Blindheit nach außen zeichnete auch alle Kulturformen des zunächst im Austausch schwer zuckenden Mitteleuropas des sogenannten Mittelalters aus. Diese innerlich so weite, nach außen aber so enge und kleine Welt kannte nur sich und das Leben der räumlich nächsten Umwelt, so daß aus der Streckung des Gegensatzes „Römer und Barbaren“ unter günstigen Verhältnissen nur ein „Christentum und Heiden (Araber, Slaven)“ als ordnende Kulturanschauung entstehen konnte.

Nun ist es aber von mehr als nur wissenschaftlicher Bedeutung, wenn alles Sehen und Erleben zu der Erkenntnis drängt, daß ein ständiges Hineinstarren in sich selbst dem großen Dasein die Möglichkeit raubt auf uns zu wirken, daß nur ein offenes Auge zu sehen vermag, daß nur vorurteilsloses Sicherschließen Reichtum inneren Lebens ermöglicht, daß dagegen die fortgesetzte Beschränkung auf sich selbst erst zu einer Überspannung, dann aber infolge Abschließung von den organischen Kräften des Daseins zur endgültigen Beschränktheit, zur Verkümmerung führt. —

Derart geschaut, bedeutet die Kultur des Altertums eine Herkunft aus freier, großer Fähigkeit zum Erleben der Kultur seiner selbst (Rest: Einschätzung auch der unsträflichen Äthiopen), infolge der absoluten Spiegelsichtigkeit aber ein urnotwendiges Versinken in blinde Einschränkung auf sich selbst (hier: weltbeherrschende Römer und alleinseligmachendes Christentum, dort: verachtete Barbaren und bedauernswerte Heiden). Das Wesen der lebendigen Kultur, das niemals sich selbst, sondern immer nur anderen („andere“ im Sinne des Raumes oder der Zeit) abzulauschen ist, konnte demnach infolge der überhöhten Einhaftigkeit der mittelmeerischen Hochkulturen keine erlebnisbetätigende Aufnahme finden.

Eine maßlose, nämlich raum- und zeitlose Imagination innereuropäischer Völker gibt dann dem gewaltigen Mittelalter Gestalt. Eine uns kaum mehr verständliche Gewalt geht über die innerlich vermorschten, durch Spiegelsicht unfruchtbar gewordenen Kulturformen hin und erwirkt neues Leben. Der Glaube an Wunder schafft stündlich und täglich Wunder, — Wunder als Erlebnis und Wunder als Formen der Kultur. Noch das 13. Jahrhundert ist wunderschwanger. Die Lebenskraft der Kultur treibt Blüten über Blüten. Alle von neuer Art. Alles scheint gegen das Vorhergehende zum Entgegengesetzten verkehrt. Das Altertum des Mittelmeeres zeigt den Ausgang vom Matriarchat, das durch ein Patriarchat gebändigt und modifiziert wurde, das innereuropäische Mittelalter ein Patriarchat, das durch matriarchalische Konzessionen gezügelt wird. Dort unten begann die Kultur mit Stämmen und Kasten, die ihre harte Gegensätzlichkeit durch Formung der Familie verloren; jetzt im Mittelalter setzt die Bildung mit Sippen ein und klingt in Zünften aus. Die Fähigkeit zum Erleben des Wunders und die Gliederung in wohlgeordnete Zünfte sind Symbole der neuen Kultur — und neuer Einstellung der Menschheit zur Materie wie zum Wesen der Kultur überhaupt.

Die Brunst der gewaltigen Gegensätzlichkeit erweckte aus dem scheinbaren Chaos die Herrlichkeiten der gotischen Dome, fugischer Musik und weitendürstiger Dichtkunst. Sie führte zur Geburt der christlichen Majestäten: der Anerkennung der Individualität, der Mystik, der Liebe und der Ordnung. Die Spiegelsichtigkeit ward durch die metaphysische Entelechie des Weitengefühles aufgehoben. Mit diesem ungeheuren Wandel trat aber das Problem der Materie der Kultur in ein neues Stadium, in eine Welt, die mit der des Altertums nur die Beziehungen der Gegensätzlichkeit hatte. Denn als diese nun „neue“ Kulturwelt Innereuropas über den Rand ihres Erdteils mit fremden Kulturen zusammentraf, da erlebte sie als erstes zunächst auch wieder — das Wunder. Die „Voyages“ zweier Jahrhunderte erbrachten die Entdeckung „seligen Lebens, schöner Kinder der Natur“, und in entsprechender Auswirkung des Weitengefühles die Sehnsucht nach einem urparadiesischen Glückszustand. Der Pendel der Kulturbewegung war am anderen Ausschlagspunkt angelangt; an die Stelle der Barbaren und Heiden trat die Imagination der höheren Reinheit und Glückszufälligkeit der Primitiven, im Wertmessen aber die Überschätzung der anderen als einer höheren Art.

Nachdem dieser wiederbelebende, aus dem Wunderglauben erwachsende erste Rausch aber verflogen war, trat die zunftmäßige Ordnung in den Vordergrund und förderte zuletzt die verschiedenen Systeme der Arten der Menschheit zu Tage, ohne zu ahnen, daß es sich gar nicht um Gliederung der Menschen in Rassen, sondern um das Verständnis der Kulturen handelte. In der Politik, die ja stets ein Epigone der Kulturanschauung vorangegangener Schöpfungsepochen ist, wirkte sich die erste Anschauung ebenso stark aus, wie in der nicht weniger späten Wissenschaft. Dieser nämlich floß aus der Fähigkeit zu nebelhaftem Glauben die Annahme vieler Kulturursprünge und der Konvergenzlehre, aus dem Bedürfnis zur Ordnung aber die Methode der Zerlegung zu. Die Kulturkunde wurde freies Jagdgebiet. Der Jurist, der Religionsphilosoph, der Psychologe, der Technologe, alle, alle schöpften aus dem ins Riesenhafte anschwellenden Schatze der Materie der Kulturkunde, jeder, was ihm zusagte, und — retteten durch diese Gemeinsamkeit die innere Wesenheit vor vorzeitiger Zerstörung! Denn hierdurch wurde die Materie der Kulturkunde zwar in wundervoller Weise gesichtet und ihre Sprödigkeit behoben, ihr inneres Quellbecken aber nicht angegriffen; das Augenmerk aller, zuletzt auch das der Geographen, wurde so von der Tatsache abgelenkt, daß sich alle diese wissenschaftlichen Betätigungen nur auf Schneckenschalen, nie aber auf schalenbildende Wesen selbst erstreckte, daß Kultur aber eben Leben, ein Wirkliches und nicht etwas Tatsächliches ist, — wozu nunmehr einiges gesagt werden soll.

V. Über die Kultur als Symbol höheren organischen Lebens ist seit den Arbeiten aus der Mitte der 90er Jahre in Oswald Spenglers „Untergang des Abendlandes" und zuletzt im „Paideuma" manches ausführlich dargelegt. Heute in der Einleitung zu einem Kartenwerke, das den Kulturformen und der Kultur eines ganzen Erdteiles gewidmet ist, handelt es sich um die Frage, auf welchem Wege es denn nun wohl möglich sei, das Wesen der Kultur überhaupt zu erfassen und das Erfaßte mitzuteilen. Es ist dies die erste Frage, die gestellt und beantwortet werden muß, wenn es der Kulturkunde überhaupt gelingen soll, auf Grund wissenschaftlicher Erkenntnisse eine Kulturanschauung zu gewinnen.

Ich bin bei den heutigen Darlegungen ausgegangen von der Behauptung, daß die aussterbenden primitiven Kulturen auf unsere heutigen „hohen" Kulturformen im Augenblicke des Ersterbens einen gewaltigen Einfluß ausüben (II); dem folgte eine Skizze der Kulturumbildung des vorigen Jahrhunderts (III). Zum dritten schloß sich eine Betrachtung der Kulturanschauung unserer Vorzeit an (IV). In allen drei Fällen wurde auf Tatsachen hingewiesen, die als solche natürlich wie alle anderen, wie jede Tatsache, auch anders geschaut werden können, die aber untereinander verbunden sind durch etwas in vernünftiger Weise nie zu Bestreitendes: es handelt sich um Vorgänge, um Kräfte, um **Bewegung.**

Und nun mag sich ein jeder selbst, wo er auch immer will, über die Materie der Kulturkunde unterrichten. Er wird finden, daß der Rechtswissenschaftler nirgends einen Stillstand der Rechtsanschauung, der Religionsphilosoph nirgends eine formharte, unbiegsame Weltanschauung, der

Philologe nirgends eine nichtvariable Sprache entdeckt hat. Eine Zeitlang träumte Europa von einem Lande, dessen Kultur seit Tausenden von Jahren unverändert bestanden hätte, das war China. China galt als Prototyp stets unbeirrbar gleicher Kultur. Eine eingehende Forschung hat gezeigt, daß der Irrtum so typisch wie nur möglich war. Die innere Beweglichkeit der Kultur zeigte sich ferner in äußerlichen Ausdrucksformen den ethnographischen Sammlern des vorigen Jahrhunderts in so eminenter Bedeutung, daß Felix von Luschan sich zu dem Satze hinreißen ließ: „Es gibt keine ethnographischen Dubletten." So führten alle Untersuchungen, die Nachprüfungen sämtlicher Fächer der am äußeren Wesen der Kultur herumtastenden Wissenschaftsfächer, zu der Erkenntnis der ewigen Bewegung der Kultur.

Solche Beweglichkeit läßt sich mehr oder weniger deutlich an jedem Objekt kulturkundlicher Betrachtung nachweisen. Die Bewegung an sich mag mehr oder weniger richtungsgemäß verlaufen, die Richtung allein ist aber niemals das Entscheidende. Die Bewegung kann am leichtesten gezeigt werden in der geographischen Verbreitung, im Umsichgreifen nach bestimmten Richtungen, im wellenförmigen Nachaußendrängen und umgekehrt im Einschrumpfen und Zerfallen. — Eine zweite Bewegung läßt sich in lokaler Vitalität und Variabilität wahrnehmen. Das Bild des ununterbrochenen Wandels der Moden in europäischen Städten wiederholt sich, wenn auch oft langsam, bis zur Unwahrnehmbarkeit, und zwar in allen Dingen und überall. Sitten verkümmern und erfahren neue Belebung. Anschauungen schillern zeitlich und örtlich bald stumpf, bald leuchtend. Das soziale Wesen verändert sich bei uns von Stunde zu Stunde, bei den Sippen der Primitiven mit jedem Todesfall und jeder Geburt. — Zum dritten aber endlich stehen alle Organe der Kultur in einer ständigen

Wechselwirkung. Eine Umbildung der Webstoffe bedeutet eine Umbildung der Tracht, diese eine Umbildung der Sittlichkeitsbegriffe. Eine neue Waffe führt zu neuen Amuletten, zur Umgestaltung der Religion. Die Einführung von Haustieren und Hauspflanzen wirkt bewegend ein auf Wirtschafts-, auf Rechts-, auf Verkehrs-, auf Weltanschauungsformen. Wer dem feinen Geäder einer Kultur nachgeht, nimmt zuletzt wahr, daß alles mit allem in bewegbarer Beziehung steht, daß nichts isoliert, nichts stillsteht, daß in letzter Linie nichts ohne das andere, ohne alles andere verständlich ist.

Die drei Bewegungen gehen nie isoliert vor sich. Keine kann ohne die andere gedacht werden, und somit kommt das Problem der Richtung, wenn allein berücksichtigt, als ein falsch gestelltes für das Erfassen des Ganzen in Fortfall. Das alles aber heißt, daß die Kultur als solche niemals faßbar wird, wenn ihre Ausdrucksformen im Sinne des XIX. Jahrhunderts einer systematischen Zergliederung unterworfen werden, daß jede Erforschung einer Seite oder einer Bewegung, einer Materie oder einer Entwicklungslinie bedingungslos schon im Bereiche der Tatsächlichkeit unvollständig bleibt und in ihrer Isoliertheit ebenso bedingungslos nie eine Wahrheit erreichen kann, daß das Theorem der Wahrheiten an der Kultur scheitern, und daß die Tatsachen lediglich als Auswirkung einer metaphysischen Wirklichkeit Bedeutung gewinnen können.

VI. Also könnte die Kulturkunde als solche den andern Wissenschaften gegenüber nicht Gleichexaktes, deren Sinn entsprechend Gleichwertvolles leisten, wäre überhaupt zu einer ewigen Verzettelung und Unordnung verurteilt, — wenn es wahr wäre, daß diese andern Zweige der Wissenschaft mit ihrer Voraussetzung möglicher „Vollständigkeit“

und „Wahrheit“ in ihren Auffassungs- und Darstellungsformen, zumal in der Graphik, dem Wesen der Dinge entsprächen und damit ihr Ziel erreichen könnten.

Die Frage ist, ob diese Voraussetzung dem Wesen nach ein Recht hat oder nicht. Entscheidend für uns ist die Betätigung desjenigen Zweiges der Wissenschaft, der uns als Kartenzeichnern das technische Handwerkszeug in die Hand gibt, der Geographie, insbesondere der Kartographie. Hier müssen wir uns Tatsächlichkeit und Wirklichkeit bis an die Grenze der Plattheit vergegenwärtigen.

In der Schule lernt das Kind, vor eine Karte gestellt: „Das ist Afrika.“ Der Lehrer zeigt auf ein Gebirge und sagt: „Das ist der Kilimandscharo.“ Hierin liegt die Voraussetzung der Wahrheit und in der kurzen Belehrung „Das ist Afrika“ liegt die uneingeschränkte Behauptung der Vollständigkeit. Auch wenn der Lehrer vorsichtiger ist und sagt: „Das ist eine Karte von Afrika“, so schränkt er zwar den Irrtum um ein Gröbliches ein, — tatsächlich ist aber eine alle Tatsachen umfassende Karte von Afrika überhaupt nicht zu zeichnen. Eine geographische Karte kann niemals ohne ungeheure Voraussetzungen als eine auch nur annähernd den Tatsachen ähnliche, respektiv analoge Darstellung bezeichnet werden; vielmehr widerspricht dieses ihrem inneren Wesen, was natürlich den Fachleuten eine Allerweltsweisheit ist, nicht aber jedem Laien.

So nebensächlich dies auch fürs erste erscheinen mag, so sind wir doch an einem so wesentlichen Punkt angelangt, daß ich ihm noch einige Zeilen widmen muß. Ich möchte nämlich darauf hinweisen, daß dies bei jedem Atlasdurchblättern in jedem Kreise wahrzunehmende: „Dies ist Asien“, „Hier fließt der Amazonenstrom“, „Hier liegt Petersburg“, mehr als ein lapsus linguae, eine verkürzende Sprachlockerung ist. Jeder Fachmann hat neben seiner Karte so und so viele Werke aufzuschlagen, um sich über

Einzelheiten zu vergewissern. Die Karte kann unmöglich alle Einzelheiten aufweisen. Schon in der Technik versagt also, wie wir gleich des näheren sehen werden, die Karte für das „Es ist."

Auch die allerfeinsten und eingehendsten Sonderblätter, mögen sie auch in noch so großen Maßstäben gezeichnet sein, werden bedingungslos in irgendeinem Stadium leer. Ganze Erdteile senken und heben sich in ununterbrochener, wenn auch noch so langsamer Bewegung; Stürme, Erdbrüche, Vulkane, Überschwemmungen modifizieren täglich irgendwo die Oberfläche. Abbrennen der Wälder beeinflußt Regenmengen und Wasserflüsse, Sümpfe trocknen aus, — also daß auch das einfache Bild der natürlichen Mutter Erde in jeder Minute irgendwo eine Änderung durchmacht und zwar dies schon unter dem Einflusse der „leblosen" Naturkräfte, zu denen nun noch die überall wühlende und aufbauende, abtragende und zuführende Pflanzen-, Tier- und Menschenwelt kommt, die ihrerseits ja eigentlich auch zur Mutter Erde und ihrer Darstellung gehören und damit ein vollkommen exaktes Bild eines auch nur für einen Bruchteil der Zeitrechnung gültigen Zustandes absolut unmöglich machen, — ganz davon abgesehen, daß die Technik einer gewölbten und gewellten Fläche auf einem Blatt Papier oder in der Plane überhaupt nur unter Voraussetzung der größten Konvenienzen ermöglicht, — ferner ganz abgesehen davon, daß die Darstellung eines Erdteiles die künstliche Loslösung aus dem umgebenden Meere und das Herausziehen einer falsch dargestellten Schicht aus der Beziehung der zugehörigen Atmosphäre und der Erdbasis bedeutet.

Mit der kartographischen Darstellung verhält es sich nicht anders als mit allen sogenannten „exakten" Abmessungen und Abschilderungen. Eine restlose Exaktheit ist für jede Form des Messens eine nicht relative, sondern absolute Utopie. Es ist nicht möglich, ein Instrument ohne Fehlerquelle zu konstruieren. Jedes Gewicht macht seinem Material entsprechende Schwankungen durch, und der Thermometer hängt mit seinen Angaben in unberechenbarer Weise von der nicht nur das Quecksilber, sondern auch die Glasröhre beeinflussenden Temperatur ab. Die ganze Exaktheit der physikalischen Wissenschaft kann von diesem Gesichtspunkt aus ihre Aufgabe nur darin sehen, die Fehlerquellen auf ein Minimum zu beschränken und damit die Voraussetzung und Prätention einer absoluten „Statik" aufrechtzuerhalten. Auch hier auf dem Boden der exakten Wissenschaft zeigt sich das Statische nur als eine mühsam der Kinematik für den Augenblick abgetrotzte und dann theoretisch aufrechterhaltene Utopie, das Kinematische aber als das wesentliche „Momentum".

Kehren wir von dieser anscheinenden Abschweifung zu unserem Problem zurück. Aus allem Vorhergesagten geht hervor, daß Friedrich Ratzel die Karte mit Recht ein **Symbol,** ein Sinnbild genannt hat. Als Symbol betrachtet wird uns die Karte zum gleichen, was dem alten Römer die Scholle des Ackers war, mit der in der Hand er vor dem Prätor erschien, um dieses Landstück als sein Eigentum zu beanspruchen, — was dem jungen Ehepaar der Ring ist, der es für das Leben zusammenschließt, — was nach alter deutscher Art bei der Auflassung von Grundeigentum am Gericht der Halm als Bild des Ackerstückes, die Rebe als solche des Weinberges, der Zweig als das des Baumgartens, der Span als Gleiches des Hauses war. Symbol bedeutet in der Kultur die Weltanschauung, die der Schrift voranging. Diese Weltanschauung ist die lebendige, organische, die des Sinnes, dem das Bild Objekt ist, dem das Bild dient, — während die jüngere Periode der Abstraktionen, die Schrift aus dem Bild herausentwickelnd, dieser einen großen Einfluß einräumte, einen immer schwerer wiegenden und hierin eine anorganisierende Tendenz zeigte.

Die Bedeutung des Wortes Symbol, Sinnbild, schließt also zum einen oder anderen nicht nur eine, sondern zwei Weltanschauungen in sich, die zwei Weltanschauungen, die zusammengehören wie Kraft und Stoff, wie Entwicklung zum Beharren, wie Kinematik zur Statik, wie Metaphysik zur Physik, wie (als Kulturbeispiel) äthiopische zur hamitischen, wie innereuropäische zur westeuropäischen Kultur. Die Anwendung der Karte als Symbol stellt an uns den Anspruch klare Antwort zu erteilen auf die Frage, wo sie als Sinn oder Bild, welches als Subjekt, welches als Objekt unserer Aufgabe kulturgeographisch darzustellen, leiten oder dienen darf.

VII. Die Geographie des 19. Jahrhunderts hat sich in steigendem Maße die Geologie als Grundlage gewählt. Sie ist damit eine statische Wissenschaft geworden. Das Seiende ist der Ausgangspunkt des Lebens; das Werden gewann die dienende Bedeutung der Erklärung des Seins und somit tritt das Werden als solches ganz in den Hintergrund. Ihr wurde also folgerichtig die Karte immer mehr synonym mit Schrift; ihr beschreibt die Karte einen Erdteil, ein Meer, eine Luftströmung. Denn, weil physische Wissenschaft, sind ihr die Tatsachen als solche: Objekte der Betätigung.

Nun wolle man aber die Unterschiedlichkeit in der Geschwindigkeit der Bewegung der natürlichen Umwelt beachten. Hart in eherner Ruhe muß uns Mutter Erde mit ihren Gebirgsmassen, Gliederungen in Meere und Erdteile erscheinen. Dieser Ruhe gegenüber bedeuten dem naiven Sinn die leichten Umbildungen, auf die ich oben hinwies, kaum eine Bewegung. Die große Bewegung des Weltalls und unserer Planeten im All ist dem Laien absolut rhythmisch, ruhig, gesetzmäßig. Als einer durchaus ruhenden Erscheinung stehen wir dem Tier- und Pflanzenreich gegenüber. Die vorhandenen Lebewesen kennen wir; mögen noch einige hundert neue Species „entdeckt“ werden, der Rahmen der Möglichkeiten ist geschlossen und die Wissenschaft kann auf Grundlage der Kenntnisse sagen, daß der Abschluß der Artenbildung im großen und ganzen hinter uns liegt, daß Überraschungen in der Neubildung von Tieren bedeutungslos werden. Der Periode der Artenbildung ist auch hier die der Ruhe gefolgt. — Alles in allem betrachtet mußte sich der in spezialistischer Verzweigung forschenden Menschheit des vorigen Jahrhunderts das Statische im Raum so wuchtig aufdrängen, daß die ja trotzdem noch unentwickelt in allem wirkende Kinematik bis zur vorläufig und generell abschließenden Allkenntnis zu untergeordneter Bedeutung wurde, — was ja die materialistische Weltanschauung des 19. Jahrhunderts bedingte.

Im schroffen Gegensatz hierzu steht jede Beobachtung der Kulturkunde. Eine Wanderung durch ein ostpreußisches Bauerngehöft oder durch ein afrikanisches Negerdorf mag für einen Augenblick täuschen. Dieser Haken als Pflug scheint uralt; dieser in den anstehenden Fels geschlagene Mörser wirkt wie aus Olims Zeiten; den gleichen Grundriß der Hütte zeigen uns die heute unter der Erde liegenden Reste jahrtausendealter Vergangenheit. Diesem augenscheinlich so Beharrlichen gegenüber tritt aber bei näherem Zuschauen auch die umbildende, entwickelnde Tendenz mit ungeheurer Wucht zutage. Der Haken, der Steinmörser, der Grundriß mögen lange wie ein Fossil ruhen. Aber wir wissen zum ersten, daß der Haken morgen der Eisenpflugschar, der Mörser der Mühle, die Strohhütte dem Holz- oder Wellblechhaus weichen wird. Wir wissen zum andern, daß das Gesamtbild der Kulturauswirkung in dem Zusammenhang der Formen lebendig und stets wechselnden „Launen“

der Tracht und Mode, der Ergänzung des Materialbestandes der Wirtschaft, der Umbildung des sozialen und Religions-Lebens besteht, — daß jeder noch so konservativ festgehaltene Gegenstand einer stets wechselnden **Vergesellschaftung des Kulturgutes** unterworfen ist.

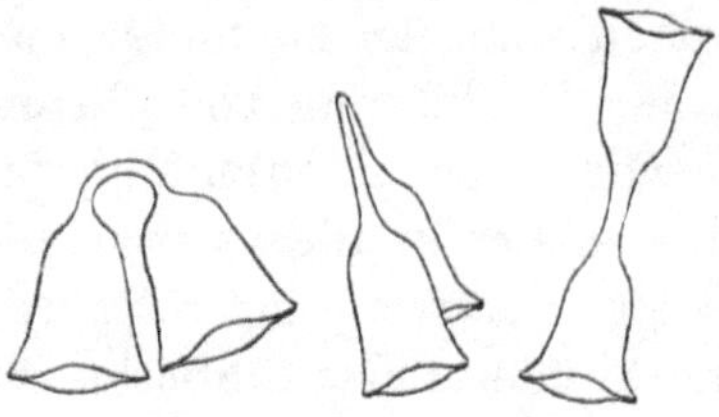

Formen der Doppelglocke

Wie variabel die Formen an sich schon sind, zeigt ein jeder Versuch der kartographischen Zusammenfassung. Wenn ich z. B. die Verbreitung einer so einfachen Sache wie der „Doppelglocke" festlegen soll, so stehe ich vor

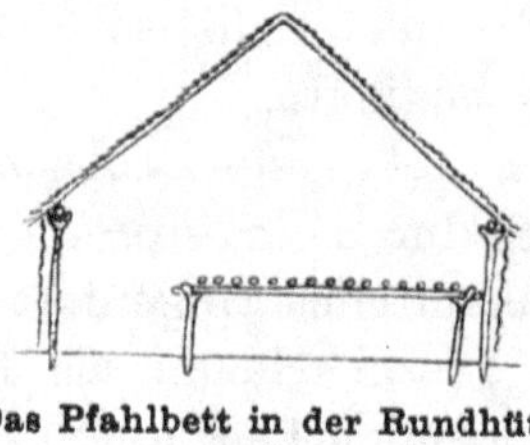

Das Pfahlbett in der Rundhütte (Wolof)

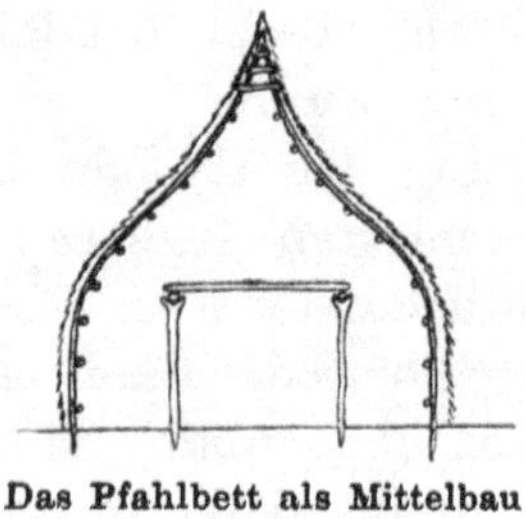

Das Pfahlbett als Mittelbau (Banziri)

Das Pfahlbett als Obergeschoß (Sierra Leone)

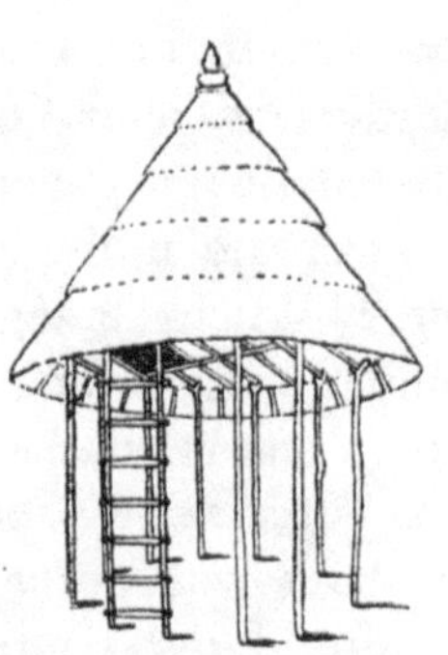

Das Pfahlbett als Pfahlbau (Faleme)

einer Auswahl der Formen, die nicht alle unter den einen Begriff der Doppelglocke zu bringen sind. Die Karte fordert an sich, um korrekt zu sein, schon eine Differenzierung, die eigentlich in den meisten Fällen unmöglich ist. Hierfür als Beispiel die Linien zwischen Pfahlbett und Pfahlhaus, von dem niemand sagen kann, wo der Begriff des Bettes aufhört und der des Pfahlbaues anfängt. Alles in allem entzieht sich jedes Kulturgut, das äußerlich auch noch so einförmig aussehen mag, durch seine Variabilität jeder Bemühung einer wirklich exakten und nicht erzwungenen Zusammenfassung, wie solche die mehr statischen Objekte der Geologie, Botanik und Zoologie gewähren.

Das Moment der Kinematik wird noch auffälliger, wenn wir beachten, daß jedes Kulturgut dem Wesen der Vergesellschaftung unterworfen ist. Die Verbreitung des Wurfeisens wird bedingt durch das Auftreten bestimmter Bogenformen, die des Knollenbaues durch Erscheinen von Getreidearten, die der patriarchalischen Anschauung durch das Eindringen matriarchalischer Sitten. Wenn nun nur Wurfeisen ohne ihren Partner, nur Trachtenstoffe ohne ihre Trachtenformen, nur Geldsorten ohne Wirtschaftsgrundlagen kartographisch gebucht werden, so bedeutet das eine künstliche Isolierung von Tatsachen, die zwangsmäßig aus dem beweglichen Zusammenhang der Wirklichkeit herausgerissen werden.

Unversehens hat die Betrachtung der darzustellenden Materie durch Schilderung der Versuche der Darstellung schon mitten in das Problem der Art der Verwendbarkeit von Karten in der Kulturkunde hineingeführt. Das Leitende kann der Kulturkunde nur die Kinematik, das Statische ihr lediglich Objekt sein. Kultur ist eben ein lebendig Wirkliches, dessen Erfassung erst möglich wird in Durchdringung der Tatsächlichkeiten. Also kann das Kartenbild „Kultur“ nur umschreiben und nicht beschreiben; also darf im Sinnbild der Karten für sie das Bild nur dem Sinne dienen, das Bild nur Mittel sein. Es handelt sich darum, die Bewegung darzustellen; dies kann aber nur erreicht werden, indem die Aufmerksamkeit ständig vom statischen Tatsächlichen auf das wirkliche Kinematische gelenkt wird.

VIII. Das heißt: Die in der Kartographie zum Ausdruck kommende Weltanschauung der Kulturkunde kann in Ergänzung der physischen der Erd- und Naturkunde nur eine metaphysische sein.

Diese, dem ursprünglichen Wesen der Kultur entkeimte Anschauung stellt uns klar vor die Aufgabe und vor die Aussicht, wie weit diese lösbar ist. Sie entscheidet darüber, was von Bedeutung und was unwesentlich zu sein hat. — Bedeutungslos ist vor allem jede Verbreitung an sich. Ob ein Volk in Rundhütten wohnt, oder in Satteldachbauten ist an sich irrelevant; wesentlich wird diese Tatsache erst, wenn sie eine Bewegung, eine Stiländerung aufweist, wenn sie zeigt, daß die Umbildung eines Stiles bedingt wird durch eine wirtschaftliche Form, einen Rechtszustand, ein soziales Moment. Die Beziehung dieser Momente zum Baustil bedeutet Sinn und Bewegung. Hierdurch wird die Frage der geographischen Darstellung beantwortet, d. h. ich kann das, was hier wirkt, nicht ausdrücken durch die Darstellung der Verbreitung einer Tatsache, sondern benötige hierzu deren mindestens zwei; und dann ist die eigentliche Wesenheit nicht dargestellt durch die zwei Tatsächlichkeiten, sondern symbolisch nahegebracht durch **den beide verbindenden, den Augen unsichtbaren Sinn.** Da die Kultur kinematisch ist, muß die Karte kinematographisch werden. Indem wir die Bewegung der Kultur in Serien fassen, machen wir unter Vermeidung von Hypothesen das Unsichtbare dem nachfolgenden Auge fühlbar als „Kartenerlebnis".

IX. Die kinematographische Darstellung einer Gruppe von Kulturformen zielt nach einer Zusammenfassung — ideal genommen — aller Kulturwesenszüge. Nicht eine bestimmte Zahl, nicht bestimmte Kulturbeziehungen, sondern eine Allbeziehlichkeit, das heißt der volle Reichtum des Lebens können und kann den Sinn des Ganzen als ein geschlossen Gewirktes, der Wirklichkeit der durch Logik und Abstraktionen statisch begrenzten menschlichen Vorstellung nahe bringen. Nicht das Nächstliegende darf über die Zusammenstellung entscheiden, sondern nur die Fülle der Lebensbeziehungen. Das Wirtschaftliche muß hineinleuchten in die Religion. Die Waffe soll verkettet werden mit Gesellschaftsformen. Die Tracht muß verwachsen mit dem Recht des Herkommens. Jedes einzelne aber muß in seiner Verbindung mit allen anderen erscheinen. Auf alle Fälle darf nichts bewegungslos und beziehungslos isoliert werden, denn dies würde dem Wesen der Kultur widersprechen.

Naturgemäß fordert diese Aufgabe eine weitgehende Kenntnis des Tatsächlichen. Das Institut verfügt heute bei Beginn der Veröffentlichungen über ca. 200 Verbreitungsentwürfe und das Grundlagematerial zu etwa dem doppelten Bestand. Somit kann jedes B- und C-Blatt dieses Atlasses seinem Innenwesen entsprechend schon heute aus einem weitgehenden statischen Wissen und Tatsachenmateriale herausmodelliert werden, und ist demnach das Tempo der Veröffentlichungen nicht etwa von nebelhaften Hoffnungen, sondern nur von der Geschwindigkeit des Reifens abhängig.

Daß die vorhandenen und zur Veröffentlichung gelangenden Karten alles erreichbare Material enthalten müssen, ist natürlich vorausgesetzt. Daß mancherlei übersehen werden kann und sicher auch wird, entspricht der Mangelhaftigkeit der Berichterstatter, der Zufälligkeit der vorhandenen Forschungsberichte und der Ersthaftigkeit dieser Arbeit.

Dieser Mängel sind wir uns sicher mehr bewußt als alle bisherigen Bearbeiter von Karten primitiver Kulturen (— solches Bewußtsein hat übrigens nur unseren Mut gestärkt). Denn der bis heute kümmerliche Zustand der wissenschaftlichen Voraussetzungen auf unserem Gebiete fordert durchgreifende Taten und nur solche können das Wesentliche aus der immer mehr um sich greifenden Verzettelung erretten und alle Spezialkenner eines Gebietes veranlassen, uns mit Korrekturen zu unterstützen, worum wir herzlich bitten. Sollte ein Blatt einer wirklich bedeutenden Verbesserung bedürfen, werden wir uns nicht davor scheuen, vor Abschluß des Atlasses es neu zu bearbeiten und durch eine Zweitausgabe zu ersetzen.

Bei aller Sorgsamkeit in dieser Richtung tritt für uns aber, dem Wesen der Kinematographie entsprechend, der Begriff der Richtigkeit im statischen Sinne, dem des Verständnisses im Kinematischen gegenüber zurück. Für letzteres erwuchsen uns aber im Laufe der Zeit der Vorbereitung aus der Erschließung des Wesens der Kulturformen ausgezeichnete Anhaltspunkte.

Die Kultur ist überall organisch frei von allem Abstrakten und damit von jeder Art des Zufalles. Die Bewegungen führen auch nirgends zu einer Verfilzung, sondern überall zur Zusammenwirkung. Die Kultur lebt und atmet, bewegt sich von außen betrachtet vielleicht wie Flut und Ebbe, innerlich aber wie Geburt, Reife und Tod irgendeines anderen organischen Wesens; sie zeigt Altersklassen und erdische Gebundenheit. Überall, auch in Afrika, können wir mit Recht von einer Kulturgeschichte sprechen, von einer, in großen Zügen zeitlichen Auf- und Niederganges, geographisch sich ausdehnenden und zurückwellenden Kulturgeschichte, die als letztes Ergebnis eben jene tatsächlichen Formen hervorgerufen hat, die aus über- und nebeneinandergelagerten Kulturschichten bestehen. Diese in Afrika noch klarer als in Europa erhaltenen Komplexe und Konnexe stellen das naturnotwendige Wesen dar, das in kurzen Zügen die B-Karten erkennen lassen. Die Kenntnis der B-Karten stellt auch für uns die naturnotwendige Voraussetzung zum endgültigen Verständnis der C-Karten voraus.[1] Die A-Karten, zumal die a-Serie wird erst bei Abschluß des ganzen Werkes ausgearbeitet werden können, weil erst dann ganz klar ist, welche Wesenszüge die Kultur den einzelnen Völkergruppen im speziellen und vorzüglich zugelebt hat.

---

[1] Natürlich stellen die C-Karten das Bedeutsame für die allgemeine Erschließung der Kultur dar, werden in diesem Sinne aber erst nach selbstverständlicher Erledigung der historischen Probleme durch die B-Karten durchsichtig, welches seinerseits also eine Voraussetzung und demnach bald zu erledigen ist. Wir hoffen dementsprechend diese B-Karten im Laufe des nächsten Jahres vollkommen zum Ausdruck bringen zu können. Der Zeitpunkt ihrer Veröffentlichung hängt nur noch von der Frage ab, welche Blätter für die C-Karten aufgespart werden müssen, um so von vornherein die Zahl der etwa doppelt erscheinenden Kartogramme möglichst einzuschränken.

Zum Verständnis der Entstehung der Kartogramme folgendes: Im Afrika-Archiv sind vereinigt

1. die die afrikanische Völkerkunde betreffende Literatur,
2. die auf ca. 500 Stämme sich beziehenden Originalberichte der Umfrageabteilung des Afrika-Archives,
3. die Originalberichte der Deutsch-Innerafrikanischen Forschungsexpedition.

Die ebenmäßig aus diesen Beständen ausgezogene Exzerptur liefert das Material der Eintragung, die in Fällen sehr vieler Notizen und sich stark häufender Vorkommnisse auf Spezialblätter in 1:4000000, in den Fällen weniger ausgiebig fließender Quellen sogleich auf Blätter von 1:14000000 stattfindet. In der kartographischen Abteilung erfolgt dann eingehende Nachprüfung und Reduktion auf die im Atlas hervortretenden Blattgrößen. Die Quellenangaben zu den Karten werden in den Abhandlungen des Institutes entweder gelegentlich einer umfassenden Arbeit oder nur aufzählungsmäßig abgedruckt werden.

X. Der Atlas Africanus bedeutet den Abschluß fünfundzwanzigjähriger Vorarbeit und die eigentliche Begründung der Ordnung der Stoffe in der afrikanischen Kulturkunde, — gleichviel mit wie viel Irrtümern und Fehlern er im Äußeren auch noch belastet ist. Durch diese Karten spricht die Kultur selbst; gelehrte und traditionelle Hypothesen, die die Kulturkunde allzu schwer durch allzu lange Zeit belastet hielten, werden durch solche Sprache ausgeschaltet. Dadurch, daß das Statische sich als taugliches und zuverlässiges Handwerkszeug und Arbeitsmaterial erwiesen hat, werden die Hilfswissenschaften in natürlicher Weise auf die ihnen zukommende Einstellung zum Ganzen zurückgeengt. Die einzelnen Disziplinen treten als gleichbedeutsam nebeneinander: Architektur neben Sozialbau, Technik neben Sprache und Religion neben Wirtschaft. Es zeigt sich nun, daß man Kulturkunde nicht betreiben kann nur aus einer Disziplin heraus, und zumal die Philologie, die durch einseitige Gliederung den Vormarsch zur Kenntnis der Ordnung des Kultursinnes lange aufgehalten hat, wird sich nunmehr mit geringeren Vorrechten begnügen müssen.

Tatsachen, klare, unbeirrbare, wenn auch sicherlich zuweilen nicht ganz irrtumsfrei gesehene Tatsachen, bedeuten von nun ab die Entscheidung in Kulturfragen, die aus den Tatsachenverbindungen heraus zu beantworten sind. Und weil die Tatsachen nicht mehr nur als statisches Material der physischen Wissenschaftsauffassung sondern nun auch der metaphysischen Weltanschauung zu dienen vermögen und ihr wieder Ausdrucksmöglichkeit und Sprache verleihen, ja, man kann sogar sagen: indem hiermit ein Tatsachenbereich aufgedeckt wird, das zur metaphysischen Weltanschauung **zwingt,** gewinnt der Atlas Africanus den Sinn eines Merkmales zwischen dem 19. und 20. Jahrhundert.

Das Leben der Kultur wirkt hier mit der Wucht seiner äußeren Tatsächlichkeiten. Namen werden verweht, Autorenruhm schwindet. Demütig danken wir, meine Mitarbeiter und ich, dem Schicksal, daß es uns solchem Werke dienen ließ.

Welche Bedeutung heute der Atlas Africanus, morgen sicherlich ein Atlas Americanus usw. für die Kulturanschauung der Menschheit gewinnen muß, zeigt schon die erste einfache Belehrung durch die Karten. Afrikas Kultur erwächst aus einer Kulturdualität, der matriarchalischen hamitischen Kultur einerseits, der patriarchalischen äthiopischen Kultur anderseits. In allem Gegensätzlichen bedeuten sie sich überall eine Ergänzung. Keine ist denkbar ohne die andere, keine physisch ableitbar aus der andern.

Hier lebt uns das Phänomen aus einem Dasein, das wir nur im Plane des „Ur und Ewig" zu erfühlen vermögen, entgegen.

XI. Noch vor hundert Jahren lag das Innenwesen Afrikas in der schlummernden Unbekanntschaft, in die es die stets alle großen Unternehmungen unterbindenden Geschäftsgeheimnisse vordem des Gold-, später des Sklavenhandels vergraben hatten. Die bewohnte Erde war in großen Zügen erschlossen, dem Einfluß der Entdecker, Händler, Kolonisatoren und Wissenschaften ausgeliefert, die die Kulturen zersetzten, erredeten und besprachen, bis diese der Wesenheit europäischer Auffassungsweise verfallen waren und ihre Eigensprache für unser Ohr verloren hatten. Dann erst — vor 100 Jahren — begann die Erschließung des großen, durch Verschleierung sich selbst eigen gebliebenen Afrika.

Zum andern: Vor einem Jahrhundert hob Joh. Gottfr. Herder den Bann der europäischen, damals westlich einengenden Vorstellung vom Werden und Sein der Kultur auf. Die Stimmen der Völker und die Ideen zur Philosophie der Geschichte der Menschheit bereiteten eine neue Zeit vor, die im Verlaufe von 100 Jahren auf dem durch eine Unsumme von fleißigen und sorgfältigen Arbeiten gebildeten Wege, den Taten und der Philosophie des 20. Jahrhunderts zustrebten. Die Welt hinter dem Spiegel ward sichtig und das, was Hunderte und Tausende von gelehrten und analysierenden, klugen und geistreichen Darlegungen übersprochen hatten: die Einheit des Wesens der Kultur zeigt heute nach 100 Jahren ihre ersten Strahlen am Horizont.

Ein Jahrhundert Entdeckungsgeschichte; ein Jahrhundert Forschungsbetrieb und: Afrika wird nun erweckt, wird uns Erlebnis der Kultur. Die einzige heute noch nicht durch Philologie, Geschichtszergliederung und sonstige Einzelforschung der Spiegelsicht der materialistischen Periode verfallene Kulturwelt zeigt ein Eigenlicht, das auch unser Sein zu beleuchten vermag. Einige Miterlebende glauben, dieses Licht könne uns eine Kunst, oder sonstwie Kultur reichen oder auch verlorenes, naives Kultursein zurückgeben. Ein Irrtum. Afrika wird uns lehren, was primitive Kultur ist, wird uns frei machen von Voreingenommenheiten in der Beurteilung unser selbst. Die Kulturen jeden anderen Erdgebietes sind entweder so durchwühlt, durchgrübelt, durchdacht, von uns übertüncht und in ihrer Aussichherauswirkung behindert, oder aber uns so fremd, oder uns so entfremdet, daß keine einzige für uns eine so gewaltige Ausgesprochenheit, lautstarke Vernehmlichkeit und selbstverständliche Überzeugungskraft besitzt, wie diejenigen Afrikas, das — vor unserer Haustüre an Sinn und Wesen uns am nächsten liegt.

Vor unserer Haustür: Seit 50 Jahren steigt uns aus den Schottern europäischer und westasiatischer, geologischer, urgeschichtlicher und historischer Vergangenheit, die stets wachsende, durch Hunderte von gelehrten Hämmern zur Stahlhärte geschmiedete Chronologie empor. Der früheren

Wissenschaft, die mit papierenen Dokumenten arbeitete, folgte die der Inschriften in Stein und zuletzt jene, die aus Eiszeiten, Erdumwälzungen und geologischen Perioden kalte, nüchterne Zahlenreihen und Testate ableitete. Unter allen großen Ergebnissen des 19. Jahrhunderts bietet diese Tatsachenbuchung wohl die nächste Möglichkeit, eigenes Sein anders zu erschauen und die Sehweise des eigenen Werdens umzubilden. Denn als Quelle der Kultur darf fürs erste nicht mehr Asien, als Abschätzung einer „Weltgeschichte" nicht mehr die nunmehr verkümmerte, mumienhafte Tradition unserer jüngsten Weltanschauung der Spiegelsicht gelten. Nun wissen wir: Die ersten Kulturreste bietet nicht Asien, sondern S.W. Europa — N.W. Afrika (Hubert Schmidt, Wilke, Schuchhardt, Obermaier, Bayer etc.); unsere „Weltgeschichte" ist aber zu dem Bruchteilchen und Nurletztensprossen eines riesenhaften Werdens und Seins zusammengeschrumpft. In dieser Gesamtheit hat sich mehr und mehr vordem als wesentlich Erachtetes als bedeutungslos, Unbeachtetes als Sinnbildendes dokumentiert. Die eklektische Zusammenfassung der Geschichte der Hochkulturen aller Erdteile, die jahreszahlenreihende Zentimeterberechnung von Papyrusrollen, die mythologisch und philologisch um sich wirkenden Auslegungskünste rationalistischer Experimentalisten haben uns zuletzt vor ein Chaos zwar klarer, aber kalter, eiskalter Tatsachen gestellt, — vor Tatsachen, die ebenso leblos und dürr sind, wie die papierenen und steinernen, historischen und geologischen Dokumente.

Am Ende dieses Jahrhunderts, das sich in Innereuropa dadurch auszeichnet, daß Religiosität trotz unverständlicher Dogmen wirkt, daß das Rechtsgefühl trotz lawinenartig sich überstürzender Rechtsgesetze weiterlebt, daß Liebe und Bekenntnis zum Werke trotz der kulturwidrigen Mechanisierung der Gemeinschaftsleitung weiterschaffen — am Ende dieser Zeit steht als deutliches Symbol hinter dem kreischenden Gegensatz von antimetaphysischer „Weltgeschichte“ und physischer „Weltanschauung“ die Sehnsucht zur Einsicht, zur Durchsicht.

Den alten Babyloniern, Indern, Israeliten, Griechen, — allen, allen alten Völkern floß geschichtliches Werden, Werden der Umwelt, Verstehen des Seins, des Gewesenen und des Zukünftigen zu einer Einheit zusammen. Das war Einheit der Weltgeschichte und der Weltanschauung. Das Christentum war solche Einheit. Noch Goethe rang um sie und gewann sie. Ihm aber folgte das 19. Jahrhundert. — Und heute, am Ende dieses, leben wir vor den toten Zahlen und Tatsachenreihen aus naturhistorischer und technischer, aus prähistorischer und historischer spezialisierender und auflösender Forscherarbeit in einem Zustande, aus dem heraus Treu und Glauben ersetzt wird durch Paragraphen, Selbstsein durch Eklektizismus, Weisheit durch Wissen, Liebe zur Weisheit aber durch Geschichte der Philosophie. Und wer würde heute noch den Versuch wagen, dem Toten und Starren aus dem analysierenden Wesen dieser immer mehr anorganisierenden Kräftespiele heraus den Odem einzuhauchen?

Keiner unter den Lebenden unserer Welt.

Wir verschweigen.

Die Wesenheit jener afrikanischen Kultur aber verkündet.

Jetzt spricht aus dreimal gesegneter Todesverschwiegenheit dies erst im Laufe der letzten 100 Jahre erschlossene und daher noch unbesprochene Afrika, das sich vom Rande der Urheimat der Kultur nach Süden erstreckt, eine Sprache, die nichts mit der unseres letzten Jahrhunderts zu tun hat, seine Sprache, die aus einem „Ur und Ewig“ klingt, seine Sprache, die nicht den Zufall kennt und nicht das Gesetz, nicht die Analyse und nicht das Pergament, — seine Sprache, die noch die der Wesenheit der metaphysischen Kultur vor der Schrift ist, — seine Sprache, die mit dem lapidaren Satze beginnt: Das Sichtbare ist Wirkung des Unsichtbaren, Tatsache Ausschlag der Wirklichkeit.

Diese Sprache ist mehr als nur die eines fremden Erdteils; wo unsere vertikal gerichtete Spatenarbeit nur Grundriss der Hausung liefert, da weben drüben noch unter hochaufragendem Dache zugehörige Wirtschaft und Tagesabwicklung; wo unsere, gleich ihren Dokumenten todesstarren Zahlen und Tatsachenreihen von oben nach unten rückwärtsführen in graue, undurchsichtige Nebel- und Steinmeere, leuchtet das Licht jener Welt auf die gleichperiodische, horizontale Wellenbildung von Lebensform und Wesensgemeinschaft zurück. Letzte fossile Knochen der Kulturskelette bei uns sind dort noch Teile eines atmenden, blutwarmen Organismus.

Solche Sprache verkündet mehr als nur Einerdteiliges. Es ist die Sprache der Kultur selbst, eben die Sprache, die aus Tatsachen heraus zu dem hinter der schreienden Gegensätzlichkeit von Weltgeschichte und Weltanschauung liegenden Dasein führt. Solchem Klange wird jedes ernste Denken zunächst zuschweigen und ehrerbietig lauschen: dieser am Ende ersterbender, materialistischer Epoche nunmehr wieder vernehmbar werdenden Sprache der metaphysischen Welt.

Inhalt

C. H. Beck'sche Buchdruckerei in Nördlingen

erfahrungsmäßig durch eine serienweise Darstellung der Kulturverbreitungen, deren Bewegungen dem nachfolgenden Auge fühlbar und zum Kartenerlebnis werden. In Hunderten solcher kleinen und größeren Verbreitungskarten ist ein in langjähriger Arbeit gesammeltes, reiches, kulturkundliches Material aus allen Lebensgebieten eingetragen. Diese Methode, über die die „Einführung" alles Nähere mitteilt, hat sich als so fruchtbar erwiesen, daß sie bald auf den verschiedensten Gebieten der Kultur- und auch der Kunstwissenschaft angewendet wird.

Auch für die Schule, besonders für den Geographie- und Geschichtsunterricht ist sie von größter Anregungskraft.

Die gesamte Tätigkeit des Forschungsinstituts für Kulturmorphologie bezweckt, das heute noch vorhandene ursprüngliche Afrika, das immer schneller von der europäischen Zivilisation vernichtet wird, für die Wissenschaft fruchtbar zu machen. Das bezeugen die übrigen

Veröffentlichungen

des Forschungsinstitutes für Kulturmorphologie e.V. in München.

PAIDEUMA. Umrisse einer Kultur- und Seelenlehre. C.H.Beck, München 1920. (Näheres auf der 4. Umschlagseite.)

ATLANTIS. Volksmärchen und Volksdichtungen Afrikas. Eugen Diederichs, Jena 1920. 15 Bände. Erschienen: Bd. 1, 3, 6; im Druck: Bd. 2, 8.

In Vorbereitung:

ABHANDLUNGEN DES INSTITUTES. (Jahrgang 1921.) C. H. Beck, München.

HADJRA MAKTUBA. Vorgeschichtliche Felszeichnungen aus dem Sahara-Atlas mit 130 Tafeln.

KEIME UND BLÜTEN DER AFRIKANISCHEN KUNST.

QUELLEN DES STAATES. Eugen Diederichs, Jena.

www.ingramcontent.com/pod-product-compliance
Lightning Source LLC
LaVergne TN
LVHW091732021026
849161LV00003BB/588